Sitzungsberichte
der Akademie der Wissenschaften
der DDR
Mathematik – Naturwissenschaften – Technik

13 N
1978

Joachim Auth

Ausgewählte physikalische Probleme der Halbleitertechnik

AKADEMIE-VERLAG · BERLIN

Sitzungsberichte
der Akademie der Wissenschaften
der DDR
Mathematik — Naturwissenschaften — Technik

Jahrgang 1978 · Nr. 13/N

Joachim Auth

Ausgewählte physikalische Probleme der Halbleitertechnik

AKADEMIE-VERLAG · BERLIN
1978

Vortrag von Joachim Auth, Ordentliches Mitglied
der Akademie der Wissenschaften der DDR,
vor der Klasse Physik am 6. Januar 1977

Herausgegeben im Auftrage
des Präsidenten der Akademie
der Wissenschaften der DDR
von Vizepräsident Prof. Dr. Heinrich Scheel

Erschienen im Akademie-Verlag, 108 Berlin, Leipziger Straße 3—4

Lizenznummer: 202 · 100/230/78
Gesamtherstellung: VEB Druckhaus Köthen
Bestellnummer: 762 692 4 (2010/78/13/N) · LSV 1155
Printed in GDR
DDR 1.50 M

Die moderne Halbleitertechnik hat nun schon eine mehr als 25jährige Geschichte hinter sich. Dennoch ist ein Ende der stürmischen Entwicklung nicht abzusehen. Gerade in den letzten Jahren hat sie international eine bedeutende Entwicklung erfahren. Das gilt für die Mikroelektronik ebenso wie für diskrete Einzelbauelemente. In der Mikroelektronik erreicht man immer größere Integrationsgrade. Es gelingt, die Kosten niedrig zu halten, selbst bei relativ kleinen Produktionszahlen für den einzelnen Typ. Integrationsgrade von einigen 10^4 sind heute praktisch möglich. Zum Beispiel kann man 11 300 Transistorfunktionen auf einem Siliziumplättchen der Kantenlänge 5,5 mm vereinigen und damit 1400 Logikfunktionen für einen 13stelligen Tischrechner verwirklichen. Kontaktfensterabmessungen von 2×2 $(\mu m)^2$ Abmessungen und Leiterbahnen von 0,5 µm Breite werden heute beherrscht. Auf dem Gebiet der Leistungstransistoren und der Thyristoren werden heute Spannungen und Ströme erreicht, an die man vor 10 Jahren nicht zu denken gewagt hätte. Spannungen von über 3000 V und Ströme von 1500 A für das einzelne Thyristorelement aus einer Siliziumscheibe von 56 mm Durchmesser sind für den erreichten Stand charakteristisch. Diese in internationalem Maßstab erzielten glänzenden Ergebnisse sind das Resultat einer langjährigen Entwicklung, zu der naturgemäß die Halbleiterphysik, aber auch zahlreiche andere Teilgebiete der Physik, immer wieder neue hervorragende Beiträge geliefert haben.

Mikroelektronische Schaltkreise und leistungselektronische Bauelemente sind für die gesamte Elektrotechnik/Elektronik, aber auch zunehmend für den modernen Werkzeugmaschinenbau von entscheidender Bedeutung. Darum ist es für die Volkswirtschaft der DDR von entscheidender Bedeutung, auf diesem Gebiet schneller voranzukommen. Vor den Physiksektionen der Universitäten und Hochschulen der DDR steht daher die Frage, was sie dazu beitragen können, diese Entwicklung zu beschleunigen.

Eine wichtige Frage, für die in erster Linie der Halbleiterphysiker zuständig ist, ist die Frage nach dem Zusammenhang zwischen den Eigenschaften und der Perfektion des Siliziums, das für die Bauelemente verwendet wird, einerseits und den mit dem Bauelement erreichbaren elektrischen Kenndaten sowie den in der Produktion erzielbaren Gutausbeuten andererseits. Diese Frage ist seit Beginn der Halbleitertechnik eigentlich stets eine wissenschaftlich und praktisch aktuelle Frage geblieben.

In den Anfängen der Transistortechnik der frühen fünfziger Jahre spielten der spezifische Widerstand und die Minoritätsträgerlebensdauer die entscheidende Rolle zur Kennzeichnung der Eignung von Germaniumeinkristallen für die Herstellung von diesen oder jenen Bauelementetypen. Die bekannte SHOCKLEYsche Theorie des pn-Überganges lieferte dabei eine gut überschaubare Grundlage, um den Einfluß z. B. der Minoritätsträgerlebensdauer auf die Stromverstärkung eines Transistors oder den Sperrstrom von pn-Übergängen zu erklären.

Leider fehlte aber im einzelnen die quantitative Übereinstimmung. Die Stromverstärkungen waren erheblich kleiner und die Sperrströme erheblich größer, als die einfachen Formeln der SHOCKLEYschen Theorie erwarten ließen. Bereits 1950 fand man, daß neben den Eigenschaften des Kristallmaterials die Eigenschaften der Kristalloberfläche für das Bauelement von entscheidender Bedeutung sind und daß diese wiederum von solchen technologischen Prozessen, wie dem Ätzen der Oberfläche, empfindlich abhängen.

In seinem für die Halbleitertechnik grundlegenden Buch „Electrons and Holes in Semiconducters" behandelt SHOCKLEY bereits die Oberflächenrekombination und führt eine Behandlung „X" an, die Oberflächenrekombinationsgeschwindigkeiten um 200 cm/s ergab und damit überhaupt erst praktisch brauchbare Transistoren ermöglichte. Es ist bezeichnend, daß Einzelheiten dazu zunächst nicht publiziert wurden [1].

Damit werden wir bereits am Anfang auf zwei Züge dieser Thematik hingewiesen, die ihre systematische Behandlung immer wieder erschweren werden: erstens die außerordentlich große Abhängigkeit des Einflusses der Kristalleigenschaften von der konkreten Konstruktion des Bauelements und den zu seiner Herstellung angewendeten technologischen Prozessen und zweitens die Lückenhaftigkeit der Fachliteratur, die sich daraus ergibt, daß hier zu publizierende wissenschaftliche Erkenntnisse mit geheimzuhaltendem „know how" eng verwoben sind.

Während bei den Germaniumelementen die Dinge noch relativ gut überschaubar zu sein schienen, erwiesen sie sich bei Silizium als vielfach komplizierter — bereits die einfache Größe Minoritätsträgerlebensdauer zeigte sich als eine von vielem abhängige Größe, u. a. auch als abhängig vom Meßverfahren! Bewährte vereinfachende Annahmen, die vom Germanium her geläufig waren, sollten sich nicht mehr als zulässig erweisen.

Auch heute sind diese Fragen noch nicht vollständig geklärt, wie die Fachliteratur zeigt. Selbst eine auf den ersten Blick so einfach erscheinende Frage wie nach den Energieniveaus von Cu in Silizium ist heute noch nicht als abgeschlossen zu betrachten. So finden z. B. 1976 LEBEDEV und ACHMEDOVA [2] neben den bei $E_V + 0{,}21$ eV und $E_V + 0{,}29$ eV liegenden Termen in p-Si und n-Si Rekombinationsterme bei $E_c - 0{,}27$ eV, $E_c - 0{,}39$ eV und $E_c - 0{,}59$ eV, und die Untersuchungen zur Infrarotlöschung der Photoleitung deuten wiederum auf Terme bei $E_V + 0{,}3$ eV, $E_V + 0{,}4$ eV und $E_V + 0{,}5$ eV hin.

Abbildung 1 gibt eine Übersicht der bisher in der Literatur gefundenen Ergebnisse [3] im Vergleich mit diesen neuesten Untersuchungen [2].

Eine Ursache für diese Schwierigkeiten sind sicher die vielfältigen Wechselwirkungen, die Fremdatome im Silizium, wie überhaupt in Kristallen, untereinander und mit anderen Gitterbaufehlern ausüben und die zu den verschiedenartigsten Komplexbildungen und Ausscheidungen (Präzipitaten) und damit zu unterschiedlichen Ausgangsbedingungen führen. Auch Lebedev und Achmedova stoßen bei ihren Untersuchungen auf diesen Fakt. Sie finden, daß nur $10^{-2}\%$ der eingebauten Cu elektrisch aktiv sind und daß in einigen Kristallen mit dem Infrarot-Mikroskop Ausscheidungen von 0,1 µm Durchmesser und mehr nachweisbar sind.

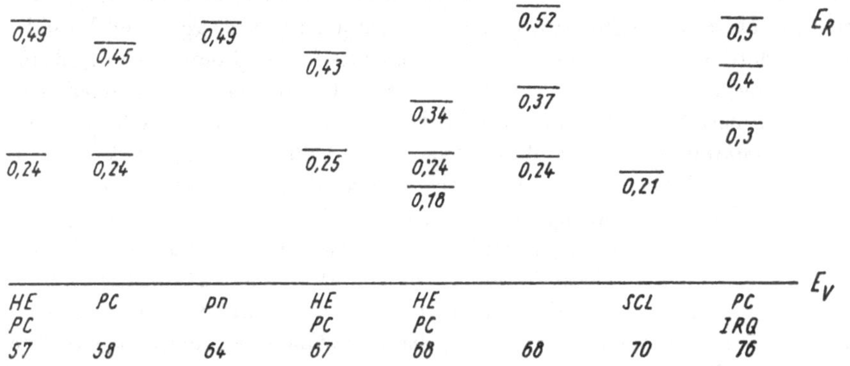

Abb. 1. Die Kupferniveaus in Silizium nach verschiedenen Untersuchungen.
Die Zahlen unter dem Termsymbol geben den Abstand vom Valenzband in eV an. HE = Halleffekt, PC = Photo-Leitung, pn = Sperrstrom eines pn-Überganges, SCL = Raumladungsbegrenzter Strom, IRQ = Infrarotquenching. Diese Symbole geben die verwendete Methode, die Zahl darunter das Jahr der Untersuchung an. Nach [3], ergänzt

Über derartige Wechselwirkungen und Ausscheidungen werden auch schon seit vielen Jahren Untersuchungen durchgeführt. Bereits 1960 zogen Goetzberger und Shockley derartige Effekte mit Metallpräzipitaten zur Erklärung der Verschlechterung der Sperrkennlinie von pn-Übergängen heran [4]. Batavin [5] konnte 1966 experimentell nachweisen, daß in stark sauerstoffhaltigem Silizium Ausscheidungen von SiO_2 auftreten und die Durchbruchsspannung von pn-Übergängen herabsetzen. Dennoch sind diese Fragen bis heute keineswegs schon eindeutig und endgültig geklärt. Jedoch scheint es so, als seien die Bedingungen auf Grund des herangereiften Entwicklungsstandes der experimentellen Technik heute erreicht, um in der Klärung der hiermit zusammenhängenden Fragen wesentlich voranzukommen. Drei Faktoren scheinen mir dabei besonders wichtig zu sein, die uns wichtige neue Erkenntnisse gewinnen lassen, wenn man sie komplex einsetzt und unter Nutzung aller Erkenntnisse der traditionellen Halbleiterphysik analysiert und interpretiert. Diese drei Faktoren sind

1. Fortschritte bei der Kristallzüchtung, Reinigung und Analyse des Fremdatomgehaltes des Ausgangsmaterials, die zu versetzungsfreien Einkristallen großer Abmessungen und definierter Reinheit führten.

2. Fortschritte bei der elektronenmikroskopischen Untersuchung von Halbleitereinkristallen und pn-Übergängen insbesondere durch Rasterelektronenmikroskope hoher Auflösung und Höchstspannungs-Transmissionselektronenmikroskope.

3. Die Anwendung von aus der Kernphysik stammenden Arbeitsverfahren, insbesondere der Ionenimplantation und der Erzeugung von Gitterbaufehlern durch Beschuß mit energiereichen Teilchen, der Ionenrückstreuanalyse und der Dotierung durch Kernreaktionen mit thermischen Neutronen.

Ein gutes Beispiel für den letztgenannten Faktor sind Arbeiten von Bolotov, Vasilev und Smirnov [6] oder von Cholodar, Dankovski u. a. [7], die unter Anwendung von reaktionskinetischen Betrachtungen auf die Erzeugung und Vernichtung verschiedener Gitterbaufehler und Fremdatom-Lücken-Komplexe in Silizium unterschiedlicher, definierter Reinheit, das mit Elektronen mit Energien von 1 MeV und mehr bestrahlt wurde, neue Erkenntnisse z. B. über die Rolle von Zwischengitter-Si-Atomen im Si-Einkristall gewonnen haben. Derartige Erkenntnisse können sehr wesentlich sein für die Interpretation von solchen Kristallbaufehlern, wie von de Kock in versetzungsfreien Siliziumkristallen gefunden wurden [8], den sogenannten „swirls", die als Anhäufungen von Gitterbaufehleragglomeraten gedeutet werden. Früher, d. h. noch 1974 nahm man an, daß hier Lückenagglomerate eine Rolle spielen, weil Si auf Zwischengitterplatz energetisch zu ungünstig wäre [9]. Heute nimmt de Kock selbst an [10], daß Si auf Zwischengitterplatz doch eine wesentliche Rolle spielt.

1. Zum Einfluß von Verunreinigungen auf die Sperrstromdichte von pn-Übergängen

Wir wollen nun den Einfluß von Verunreinigungen auf der Sperrstromdichte in pn-Übergängen diskutieren.

a) Zunächst betrachten wir den Fall, daß die Fremdatome atomar im Gitter gelöst oder als quasi atomar gelöste Komplexe von wenigen Fremdatomen mit Lücken oder anderen Gitterbaufehlern vorliegen. Dann ist eine Beschreibung durch einen Energieterm in der verbotenen Zone sicher zulässig. Genaugenommen müßte man natürlich von mehrfach besetzbaren Termen, wie sie von Shockley und Sah sowie von Kalašnikov und K. Thiessen grundlegend untersucht wurden [11], ausgehen; für eine größenordnungsmäßige Abschätzung genügt es aber sicher, von dem einfachen Modell eines einfach besetzbaren Terms auszugehen. Die größten Beiträge zum Sperrstrom ergeben Terme in der Mitte der verbotenen Zone. Für diese gilt dann für die Sättigungssperrstromdichte

$$j_s = \frac{eN_RC_nC_pn_i'}{C_n + C_p} \cdot W(U) \qquad (1)$$

N_R ist die Konzentration der betreffenden Störstellen, C_n, C_p die Einfangskoeffizienten für Elektronen bzw. Löcher, n_i die Eigenleitungskonzentration ($\approx 1{,}5 \cdot$

10^{10} cm^{-3} bei 300 °K), W(U) die Breite der Raumladungszone im pn-Übergang als Funktion der angelegten Sperrspannung U.

Um eine Vorstellung von der Größenordnung von N_R zu haben, gehen wir von den für hochreines Halbleitersilizium ermittelten Verunreinigungskonzentrationen aus. Typische Werte sind für in Argon tiegelfrei gezogenes Halbleitersilizium: O = $10^{15} \ldots 10^{16}$ cm^{-3}, C = $5 \cdot 10^{16}$ cm^{-3}, Fe = $10^{13} \ldots 10^{14}$ cm^{-3}, Cu = $10^{11} \ldots 10^{12}$ cm^{-3} [12]. Da nur Cu und Fe hinreichend nahe in der Mitte der verbotenen Zone befindliche Terme besitzen, wollen wir von diesen Verunreinigungen ausgehen und einen Wert $N_R = 10^{13}$ cm^{-3} annehmen. Für $(C_n^{-1} + C_p^{-1})^{-1}$ setzen wir $2 \cdot 10^{-8}$ cm^{-3} s^{-1} an. W(U) ist für einen p$^+$n-Übergang mit $N_D = 5 \cdot 10^{15}$ cm^{-3} bei U = 10 V etwa 0,5 µm.

Mit diesen Werten erhalten wir

$$j_s \approx 2{,}4 \cdot 10^{-8} \text{ A/cm}^2.$$

Die in solchen p$^+$n-Übergängen praktisch beobachteten Sperrströme sind jedoch meistens um Größenordnungen höher. Man findet z. B. bei Flächen von etwa 100 µm Durchmesser Werte von einigen nA, d. h. $j_s \approx 10^{-5}$ A/cm^2. Derartige Werte wären erklärbar, wenn sich die übrigen Verunreinigungen und Baufehler C, O und Lücken, die mit Konzentrationen von $10^{15} \ldots 10^{17}$ cm^{-3} vorliegen, zu elektrisch wirksamen Komplexen verbinden. Ein Hinweis hierauf sind z. B. die sogenannten S-Zentren, die von Glinchuk, Litovchenko, Linnik und Merker [15] und Thiessen und Zech [14] als nO-mV-Komplexe gedeutet wurden.

Sie entstehen durch thermische Behandlung von Silizium und ergeben Terme etwa 0,55 ± 0,20 eV von den Bandkanten entfernt, d. h. in der Mitte der verbotenen Zone. Für Ausheiltemperaturen von 1100 °C liegen sie immerhin in Konzentrationen von etwa $5 \cdot 10^{14}$ cm^{-3} vor [15]. Nach dem vorhin Gesagten könnten sie also immerhin Sperrstromdichten der Größenordnung 10^{-6} A/cm^2 verursachen ($C_p \approx 1 \cdot 10^{-7}$ cm^3 s^{-1}, $C_n \approx 5 \cdot 10^{-9}$ cm^3 s^{-1} in n-Si).

Beachtet man, daß Nebeneffekte (z. B. seitliche Diffusion von Minoritätsträgern aus verarmten Randgebieten) eine weitere Sperrstromerhöhung ergeben, könnte hierdurch der an „guten" Dioden gefundene Sperrstrom erklärt werden.

Effekte durch Lückenkomplexe oder Komplexe von Silizium auf Zwischengitterplatz werden in versetzungsfreien Kristallen besonders hoch sein, weil hier eine Vernichtung dieser Störstellen an Versetzungen nicht auftritt. Die sogenannten „swirls", die in versetzungsfreien Kristallen beobachtet werden, bestehen aus Anhäufungen derartiger Komplexe [8, 10], wie die Arbeiten vor allem von de Kock gezeigt haben.

b) Entscheidend für die Sperrkennlinie einer Diode ist, ob und in welchem Maße die metallischen Verunreinigungen tatsächlich atomar gelöst vorliegen oder ob sie in Form von mehr oder weniger großen, makroskopischen Ausscheidungen vorliegen. Wie schon erwähnt, stellten Goetzberger und Shockley bereits 1960 [4] fest, daß Präzipitate sogen. weiche Kennlinien bei Dioden hervorrufen, d. h. den Sperrstrom noch vor dem Durchbruch stark spannungsabhängig machen.

Wir wissen nicht, wie im einzelnen die Präzipitate den Sperrstrom beeinflussen. Eine einfache Abschätzung mit Hilfe eines sehr groben Modells läßt jedoch erkennen, daß hier ganz drastische Effekte entstehen können. Wenn z. B. in einem Si-Plättchen mit $N_{Cu} = 10^{12}\,cm^{-3}$ und einem Volumen von $10^{-4}\,cm^{-3}$ ($1 \times 1\,mm^2 \times 100\,\mu m$) die darin enthaltenen 10^8 Cu-Atome in 10 Nadeln von je 10^7 Atomen sich ausscheiden, könnten diese Nadeln 1 µm lang und etwa $2r_0 = 1{,}2 \cdot 10^{-6}\,cm$ dick sein. Schließt eine dieser Nadeln die etwa 0,5 µm dicke Raumladungszone kurz, so hat diese Verbindung einen durch den Ausbreitungswiderstand im n-Gebiet (mit einem $\sigma_n \approx 1\,\Omega^{-1}\,cm^{-1}$) bestimmten Widerstand von etwa $(2\,\pi\,\sigma_n r_0)^{-1} = (2\,\pi \cdot 0{,}6 \cdot 10^{-6})^{-1}\,\Omega \approx 2{,}6 \cdot 10^{+5}\,\Omega$ und könnte einen Strom von etwa 4 µA bei 10 V erklären. Die Nadel selbst hätte, wenn wir die Werte für kompaktes Kupfer zugrunde legen ($\varrho = 1{,}55 \cdot 10^{-6}\,\Omega\,cm$), einen Widerstand von 130 Ω. Dies ist natürlich nur ein ganz grobes Modell, und sicher verhalten sich Präzipitate in Silizium nicht wie das kompakte Metall. Unsere Abschätzung zeigt aber wohl, daß wir die Größenordnung des Sperrstromes, die bei schlechten Dioden erreicht wird, erklären können.

Gegen ein derartig grobes Modell läßt sich mancher Einwand sofort anführen, z. B. die Spannungsabhängigkeit des Sperrstromes, die ja keineswegs linear ist, wie unser Modell höchstens erwarten ließe. Beachtet man, daß W mit der Spannung zunimmt, würde ein derartig einfaches Modell sogar das widersinnige Ergebnis liefern, daß unter Umständen für größere Sperr-Spannungswerte der Sperrstrom wieder erheblich absinken müßte.

Es ist aber zu beachten, daß ein derartiges Metallpräzipitat in einem pn-Übergang natürlich auch Schottky-Sperrschichten aufweisen könnte und daß daran Kontaktrekombinationseffekte auftreten könnten, die vielfältige Stromspannungsabhängigkeiten verursachen können, worauf schon in [4] hingewiesen wurde. Reicht das Metallpräzipitat nicht mehr durch die Sperrschicht hindurch, so können Effekte, wie sie im nächsten Abschnitt beschrieben werden, einen erhöhten Sperrstrom hervorrufen.

Große Sperrströme von einigen µA finden wir nur bei sehr schlechten kleinflächigen Dioden. Wie Goetzberger und Shockley zeigten, kann man in Übereinstimmung mit der Annahme, daß hier Metall-Präzipitate die Ursache sind, diese großen Sperrströme durch Gettern beseitigen. Es bleibt jedoch auch in guten Dioden ein Restsperrstrom von der vorn genannten Größenordnung $1\,nA/(100\,\mu m)^2$, der mit atomar gelösten metallischen Verunreinigungen allein, wie wir vorn sahen, nicht erklärt werden kann.

2. Zum Einfluß von Ausscheidungen auf die Durchbruchsspannung

In einem p^+n-Übergang tritt der Durchbruch auf, wenn die Bedingung

$$\int_0^W \alpha_n \, dx = 1 \qquad (2)$$

erfüllt ist. α_n ist der Stoßionisationskoeffizient. Er beschreibt die Elektron-Loch-Paarerzeugung durch ein Elektron im elektrischen Feld F pro Längeneinheit.

α_n ist eine Eigenschaft des Siliziums, die kaum von Verunreinigungen abhängt. Da jedoch die Breite der Raumladungszone W und die Feldverteilung F(x) in der Raumladungszone stark von N_D abhängen, ist U_B, die Durchbruchsspannung eines p^+n-Überganges, stark von N_D abhängig. Da wir α kennen, es gilt

$$\alpha_n = a_n \exp\left(\frac{-b_n}{F}\right), \tag{3}$$

können wir $U_B(N_D)$ berechnen.
Für $F = 5 \cdot 10^5$ V/cm ist $\alpha_n \approx 10^5$ cm^{-1} und
für $F = 2 \cdot 10^5$ V/cm ist $\alpha_n \approx 10^3$ cm^{-1}.

Für abrupte Übergänge erhalten wir $U_B \sim 1/N_D^{0,82}$. Bei $N_D = 5 \cdot 10^{15}$ cm^{-3} wäre $U_B \approx 100$ V.

Tatsächlich findet man jedoch häufig viel kleinere Durchbruchsspannungen, als sich aus diesen Rechnungen ergibt.

Man findet außerdem, daß der Durchbruch auch hier an bestimmten Stellen bevorzugt auftritt. Es bilden sich sogenannte Mikroplasmen. Ursachen sind bzw. können auch hier Präzipitate sein. Liegt ein *Metallpräzipitat* vor, das wir wieder als nadelartig annehmen und das nur zum Teil in die Raumladungszone hineinragen möge, so entstehen hier erhöhte Feldstärken: An einem Präzipitat mit dem Spitzenradius r_0 bildet sich etwa ein Feld $F(r_0) = \frac{U_R}{r_0}$ aus, das nach dem $1/r^2$-Gesetz mit zunehmender Entfernung von der Spitze abnimmt. Daher kann man ganz grob setzen

$$\int_0^W \alpha_n(F)\, dr \approx \alpha_n(F(r_0)) \cdot r_0 \tag{4}$$

Wird das Integral eins, so liegt der Durchbruch vor.

Wir können also die Durchbruchsspannung $U_{B'}$ des Präzipitats berechnen zu

$$U_{B'}(r_0) = F_{B'}\left(\alpha_n = \frac{1}{r_0}\right) \cdot r_0 \tag{5}$$

$F_B'(\alpha_n)$ soll dabei die Umkehrfunktion von $\alpha_n(F)$ sein. Wir finden für $r_0 = 10^{-6} \ldots 10^{-5}$ cm vernünftige Werte für $U_{B'} = 1 \ldots 5$ V, wie sie bei Mikroplasmen tatsächlich gefunden werden.

Bei sehr kleinen $U_{B'}$-Werten und sehr hohen Feldern $F_{B'}$ müssen wir allerdings beachten, daß auch die Feldemission einen entscheidenden Beitrag leisten kann, die in unserem Modell noch nicht berücksichtigt ist. In [4], wo experimentell auch sehr kleine $U_{B'}$-Werte (unter 1 V) gefunden wurden, zog man die Feldemission als Haupterklärung heran.

Bei diesen Werten $U_{B'}$ müssen wir dann in der Kennlinie eine verstärkte Zunahme des Sperrstromes finden, der jedoch noch nicht zu einem vollständigen Durchbruch führen kann. Ursache hierfür ist der „Raumladungswiderstand" der Mikroplasmen:

$$R_{SC} = \frac{W^2}{\varepsilon\varepsilon_0 V_{ds} \cdot \pi r_0^2} \tag{6}$$

Hierin ist V_{ds} die Sättigungsdriftgeschwindigkeit der betreffenden Träger ($\approx 10^7$ cm/s) und r_0 der Radius des Mikroplasmas. Nimmt man $W \approx 0{,}5$ µm und $r_0 \approx 10^{-5}$ cm an, so erhalten wir $R_{SC} \approx 8 \cdot 10^5\ \Omega$.

Im Silizium können aber auch *dielektrische, isolierende Präzipitate* z. B. aus SiO_2 oder SiC vorliegen. Da SiO_2 und SiC Dielektrizitätskonstanten besitzen, die wesentlich kleiner als die von Silizium sind ($\varepsilon_{Si} = 11{,}7$; $\varepsilon_{SiO_2} = 3{,}8$), wird aus ihnen das elektrische Feld verdrängt, und es kommt in der Umgebung des Präzipitats im Silizium zu einer Feldstärkeerhöhung.

Gehen wir der Einfachheit wegen von einem kugelförmigen Präzipitat mit Radius r_0 aus, so verstärkt sich das Feld auf den 1,5fachen Wert. Der Durchbruch tritt wieder auf, wenn $\int \alpha_n dx = 1$, also wenn $2r_0\, \alpha_n\, (1{,}5\ F) \approx 1$. Hieraus ergibt sich die Durchbruchsspannung $U_{B'}$ in dem mit Präzipitaten behafteten pn-Übergang zu

$$U_{B'} \approx \frac{W \cdot F}{2}, \tag{7}$$

wenn das Präzipitat im Maximum der elektrischen Feldstärke bei x = 0 liegt, mit

$$F = \frac{b_n}{1{,}5 \cdot \ln (2r_0 a_n)}. \tag{8}$$

Für $\alpha(F)$ wurde die Gl. (3) benutzt.

Die Durchbruchsspannungserniedrigung beträgt

$$\frac{U_{B'}}{U_B} = \frac{\ln (\tilde{W} a_n)}{1{,}5 \cdot \ln 2 r_0 a_n}. \tag{9}$$

Hier ist $\tilde{W}$ die Breite des effektiv für die Lawinenbildung wirksamen Teils der Raumladungszone ($\tilde{W} = {}^1\!/_6\, W$ für abrupte Übergänge [16]).

Für $\tilde{W} = 0{,}5$ µm, $\alpha_n \approx 2 \cdot 10^6\ cm^{-1}$ und

$r_0 \approx 0{,}1$ µm finden wir $U_{B'}/U_B \approx 0{,}83$.

Für $W = 0{,}1$ µm finden wir $U_{B'}/U_B \approx 0{,}54$.

Das Modell zur Erklärung der Sperrspannungserniedrigung mit isolierenden Präzipitaten stammt von Shockley [17] (Prager HL-Konferenz 1960). SiO_2-Präzipitate bis zu etwa 1 µm Längsausdehnung konnten neuerdings Ravi und Varker [18] in Halbleitersilizium mit elektronenmikroskopischen Methoden direkt nachweisen (α-Cristobalit). Die Sperrspannungserniedrigung wurde vorher von Batavin [5] experimentell gezeigt.

3. Experimenteller Nachweis der Präzipitate in pn-Übergängen

Daß eine solche Erklärung mit Präzipitaten mehr als eine bloße Vermutung ist, für die Indizien — wie etwa das Getterverhalten — sprechen, zeigen heute eindeutig elektronenmikroskopische Untersuchungen. Der kombinierte Einsatz von Rasterelektronenmikroskop (SEM, Abkürzung für „scanning electron microscope“) und

Transmissionselektronenmikroskop (TEM) ermöglicht hier neue Erkenntnisse. Besonders wichtig ist hier die Methode der elektronenstrahlinduzierten Ströme (EBIC, Abkürzung für „electron beam induced current") im Rasterelektronenmikroskop.

Abbildung 2 zeigt schematisch das Prinzip dieser Methode. Sie wurde in den letzten Jahren von RAVI und WARKER zum Nachweis von Präzipitaten angewendet.

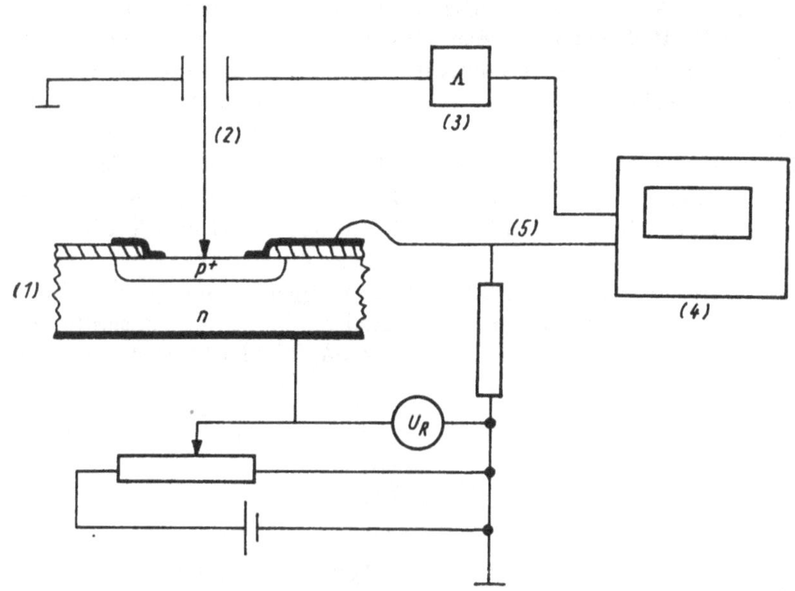

Abb. 2. Das Prinzip der EBIC-Methode

Der zu untersuchende pn-Übergang (1) wird mit dem Elektronenstrahl (2) abgetastet. Die Ablenkung erfolgt dabei durch den Generator (3) synchron für den Elektronenstrahl auf dem pn-Übergang und in der Elektronenstrahl-Bildröhre des Sichtgerätes (4). Der Elektronenstrahl (2) erzeugt im pn-Übergang Elektron-Loch-Paare. Ist die an den pn-Übergang angelegte Spannung $U_R = 0$, so entsteht am Eingang der Hell-Steuerung (5) des Sichtgerätes eine positive Spannung (analog zur Photospannung eines Photoelements). Ursache ist die Ladungstrennung im inneren Feld des pn-Überganges. An Orten erhöhter Rekombination wird diese Spannung geringer sein, da ein Teil der Elektron-Loch-Paare vor Erreichen der p- bzw. n-Gebiete bereits rekombiniert.

Hierdurch entsteht im Bild des Sichtgeräts ein Kontrast. Wird die Spannung U_R eingeschaltet und zunehmend erhöht, so kommt es wegen des erhöhten elektrischen Feldes in der Raumladungszone zu einer verstärkten Ladungstrennung, die erhöhte Rekombination kann sich immer weniger auswirken, der Kontrast in (4) verschwindet. Wird die Spannung U_R über einen Schwellenwert $U_{B'}$ erhöht, so kann an Stellen mit Feldinhomogenitäten, wie sie in Abschnitt 2 beschrieben wurden, eine starke Ladungsträgermultiplikation auftreten, und es entsteht ein sehr kräftiger Kontrast.

Ravi und Varker fanden tatsächlich [19] z. B. in n-Silizium mit 2...3 Ω, das nach dem Czochralski-Verfahren (< 1000 Versetzungen pro cm^2) hergestellt wurde und in das 0,5 µm tief ein pn-Übergang mit $2 \cdot 10^{14}$ Boratomen pro cm^2 eindiffundiert wurde, mit der EBIC-Methode solche Erscheinungen. Bei Anlegen einer Sperrspannung U_R = 0 V fanden sie an einem derartigen pn-Übergang z. B. 14 Stellen (Flecken im EBIC-Bild) mit geringerem EBIC-Strom, die man als Gebiete mit erhöhter Rekombination bzw. geringerer Elektronenempfindlichkeit im Silizium deuten müßte. Bei Erhöhung von U_R auf etwa 6 V verschwanden die entsprechenden Kontraste im EBIC-Bild in diesem Fall bis auf etwa 3 Flecken. Letztere traten dann jedoch bei weiterer Erhöhung von U_R z. B. auf 8 V stark hervor und zeigten dabei eine Kontrastumkehr. Offenbar kommt es bei diesen Flecken zu einer Ladungsträgermultiplikation. In [19] werden diese Defekte als „elektrisch aktiv" bezeichnet.

Das Auftreten der Flecken im EBIC-Bild ist mit einem entsprechenden Verlauf der I-U-Sperrkennlinie verbunden. Einer großen Fleckenzahl entspricht eine schlechtere Sperrkennlinie (z. B. bei 2 V etwa 100 nA). Mit dem Auftreten elektrisch

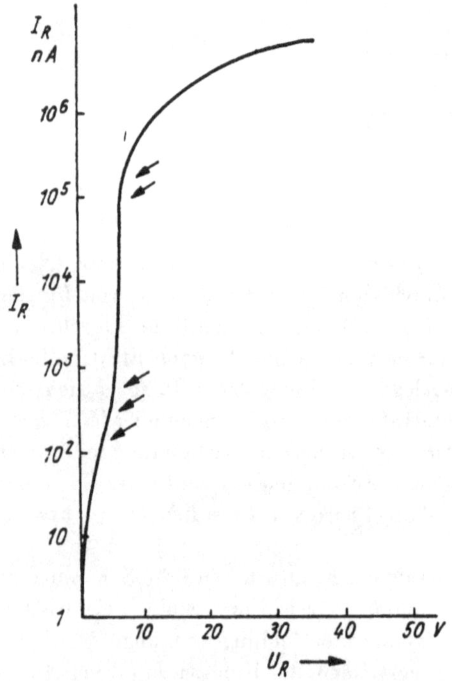

Abb. 3. Sperrkennlinie eines pn-Überganges mit mehreren darunter 4 elektrisch aktiven Defekten. Nach [19]

aktiver Fehler gibt es in der Kennlinie im entsprechenden Sperrspannungsbereich Gebiete eines steileren Anstiegs, wie das z. B. Abbildung 3 zeigt.

Bei Anwendung einer größeren Auflösung im EBIC-Bild und Vergleich mit TEM-Aufnahmen kann man zeigen, daß es sich hier tatsächlich um Präzipitate handelt bzw. um größere Störungen des Kristallaufbaues mit Abmessungen von 2 bis 3 µm [19]. An tiegelfrei nach der Zonenfloatingmethode gezogenen Kristallen mit „swirls" kann man zeigen, daß in den „swirl"-Gebieten verstärkt derartige Flecken im EBIC-Bild auftreten [21]. Hier wurde n-Silizium, ⟨111⟩ orientiert. mit 1 bis 2 Ω cm und Versetzungsdichten $< 1000\ cm^{-2}$ verwendet. Der pn-Übergang wurde hier in 0,5 µm Tiefe durch Diffusion bei 1000 °C mit B_2H_6 als Quelle erzeugt. Das verstärkte Auftreten von Flecken im EBIC-Bild ist auch hier verbunden mit einem erhöhten Sperrstrom der Dioden. Zerteilt man die Scheibe in kleine Diodenquadrate mit etwa 1 mm Kantenlänge und mißt man in einer Reihe Diode für Diode den Sperrstrom, so findet man entsprechend der Swirl-Streifung ein Auf und Ab zwischen 10 nA und 200 µA (bei $U_R = 25$ V). Auch hier werden wieder elektrisch aktive und nicht aktive Defekte gefunden. In einem Beispiel waren nur 2 von 200 Defekten aktiv. Aufnahmen mit höherer Auflösung zeigen auch hier Abmessungen im µm-Bereich.

Alle diese Befunde zeigen, daß tatsächlich Präzipitate mit Ausdehnungen im 0,1...1 µm-Bereich in Silizium-pn-Übergängen vorhanden sein können.

Ich glaube, daß die von Ravi und Varker erhaltenen Ergebnisse zugleich ein anschaulicher Beweis für die Bedeutung des zweiten vorn genannten Faktors sind. Die Fortschritte in der Elektronenmikroskopie geben uns wesentliche neue Einsichten in die Vorgänge in Halbleitereinkristallen und pn-Übergängen.

4. Schlußfolgerungen und Ausblick

Der Einfluß von im Silizium enthaltenen Verunreinigungen und Defekten hängt in starkem Maße davon ab, ob diese gleichmäßig atomar verteilt oder als makroskopische Präzipitate vorliegen. Störstellenkomplexe aus Lücken und anderen in höherer Konzentration vorliegenden Verunreinigungen können zu neuen, elektrisch wirksamen Termen in der verbotenen Zone führen. Alle diese Präzipitat- und Komplexbildungen hängen vom technologischen Prozeß der Bauelementeherstellung ab. Darum ist die Frage nach dem Einfluß auf die Daten der Bauelemente von dem technologischen Prozeß nicht zu trennen. Da durch Versetzungen die Präzipitatbildung etwas gesteuert und die Lücken zum großen Teil vernichtet werden, sind in den versetzungsarmen Kristallen diese Effekte besonders ausgeprägt.

Die Ausscheidung von Verunreinigungen an bzw. in gestörten Gebieten kann man bewußt nutzen, um den störenden Einfluß zu verhindern. Diese Methode gehört zu dem, was man neuerdings auch manchmal als „Ausnutzung der dynamischen Eigenschaften des Siliziums" bezeichnet und die wir im weitesten Sinne als Gettern ansehen können.

Auch hier bringt der Einsatz der vorn genannten modernen Untersuchungsverfahren neue Erkenntnisse. So fand man z. B. neuerdings, daß die Getterwirkung nicht durch die glasartigen Schichten auf den Halbleiter, sondern durch die extrem hoch dotieren Halbleiterbereiche selbst erfolgt.

Wir glauben, daß auf diesem Gebiet halbleiterphysikalische Grundlagenforschung noch viel zur Vertiefung unserer Erkenntnis über die Vorgänge in Halbleitereinkristallen und in Einkristallen überhaupt tun und zugleich wichtige Beiträge für die Entwicklung der Mikroelektronik ebenso wie für die Entwicklung der Leistungselektronik liefern kann.

Literatur

[1] W. Shockley: Electrons and Holes in Semiconducters. New York, Toronto, London 1950. p. 324.
[2] A. A. Lebedev, M. M. Achmedova: FTP **10** (1976) 1894.
[3] R. Böhm, H. Klose pss (a) **9** (1972) K 165.
[4] A. Goetzberger, W. Shockley: J. Appl. Phys. **31** (1960) 1821–1824.
[5] V. V. Batavin: FTT 8 (1966) 2502.
[6] V. V. Bolotov, A. V. Vasil'ev, L. S. Smirnov: FTP **10** (1976) 1787.
[7] G. A. Cholodar, Ju. V. Dankovskij, V. V. Kopoljanyj, V. L. Vineckij: FTP **10** (1976) 1712.
[8] A. J. R. de Kock: Appl. Phys. Letters **16** (1970) 100.
[9] K. Tempelhoff: Halbleitersilizium. 2. Arbeitstagung. Dresden-Rossendorf 7.–8. 11. 1974. p. 42.
[10] Mitteilung von H. Peibst: Tagung „Silizium“ Karl-Marx-Stadt 25.–27. 10. 1976.
[11] S. G. Kalasnikov, K. P. Thiessen: FTT **2** (1960) 2743. – C. T. Sah, W. Shockley: Phys. Rev. **109** (1958) 1103.
[12] K. Tempelhoff: Tagung „Silizium“ Karl-Marx-Stadt 25.–27. 10. 1976.
[13] K. D. Glinchuk, N. N. Litovchenko, L. F. Linnik, R. Merker: pss (a) **33** (1976) K 87.
[14] K. Thiessen, G. Zech: pss (a) **10** (1972) K 133.
[15] K. D. Glinchuk, N. M. Litovchenko, L. F. Linnik, R. Merker: pss (a) **18** (1973) 749.
[16] A. G. Chynoweth: J. Appl. Phys. **31** (1960) 1161; A. S. Tager: FTT **6** (1964) 2418.
[17] W. Shockley: Solid State Electronics. **2** (1961) 35.
[18] K. V. Ravi, C. J. Varker: in Semiconductor Silicon 1973. Ed. Howard R. Ruff, Ronald R. Burgess, The Electrochemical Society, Inc. 1973. LCCCN 69–17607. p. 136.
[19] C. J. Varker, K. V. Ravi: in Semiconductor Silicon 1973. Ed. Howard R. Ruff, Ronald R. Burgess. The Electrochemical Society, Inc. 1973. LCCCN 69–17607, S. 724.
[20] R. L. Meek, T. E. Seidel, A. G. Cullis: J. Electrochem. Soc. **122** (1975) 786.
[21] C. J. Varker, K. V. Ravi: ebenda S. 670.